BEI GRIN MACHT SICH IHR WISSEN BEZAHLT

- Wir veröffentlichen Ihre Hausarbeit, Bachelor- und Masterarbeit

- Ihr eigenes eBook und Buch - weltweit in allen wichtigen Shops

- Verdienen Sie an jedem Verkauf

Jetzt bei www.GRIN.com hochladen und kostenlos publizieren

Manuel Nake

Renaturierungsprozesse an Flusslandschaften Mitteleuropas. Die Ruhr bei Arnsberg

GRIN Verlag

Bibliografische Information der Deutschen Nationalbibliothek:

Die Deutsche Bibliothek verzeichnet diese Publikation in der Deutschen National-
bibliografie; detaillierte bibliografische Daten sind im Internet über http://dnb.d-
nb.de/ abrufbar.

Impressum:

Copyright © 2013 GRIN Verlag GmbH
Druck und Bindung: Books on Demand GmbH, Norderstedt Germany
ISBN: 978-3-656-69375-8

Leistungskurs Erdkunde EKL1

Schuljahr 11/2
Verfasser Manuel Nake

Facharbeit

Thema:

Renaturierungsprozesse an Flusslandschaften

Mitteleuropas am Beispiel der Ruhr bei Arnsberg

Datum: 07.04.2013

Thema: Renaturierungsprozesse an Flusslandschaften Mitteleuropas am Beispiel der Ruhr bei Arnsberg

Inhaltsverzeichnis

Thema: Renaturierungsprozesse an Flusslandschaften Mitteleuropas am Beispiel der Ruhr bei Arnsberg

I.   Einleitung

1.1   Begriffsbestimmung Fließgewässer und Renaturierung

Unter **Fließgewässern** fasst man eine nicht-homogene Gruppe von oberflächlichen Abflussgerinnen zusammen, die von ihrem Ursprung, den Quellregionen, mit meist abnehmendem Gefälle die Landschaft durchziehen und in Meeren unter Ausbildung einer charakteristischen Übergangszone des limnischen Flußsystems zum marinen Küstenbereich münden .[1]

Man kann den Begriff **Renaturierung** unter verschiedenen Gesichtspunkten verwenden. Einerseits meint man Renaturierungsmaßnahmen, andererseits den Prozess der Renaturierung, der auch als ökologische Verbesserung bezeichnet wird. Fasst man Renaturierung als einen Prozess auf, so lassen sich grundsätzlich drei Wege festmachen, auf welchen die Renaturierung geschehen kann. Bei Gewässern, die nicht selbst dazu in der Lage sind, wieder in einen naturähnlichereren Zustand zurückzukehren, schlägt man den Weg des Ausbaues (I) vor. Um den Fortgang der Renaturierung zu beschleunigen, wird oft der Weg der Unterhaltung (II), also der Weg der Renaturierung in kleineren Schritten gewählt. Vor allem bei Flüssen und Bächen im Bergland, die nicht ausgebaut wurden, geht man schließlich den Weg der Unterlassung (III), man überlässt die Renaturierung also dem Gewässer selbst .[2]

Das Hauptaugenmerk meiner Arbeit liegt auf dem zweiten Weg , also dem der Unterhaltung und der unterstützenden schrittweisen Renaturierung. Diesen Prozess zeige ich am Gewässer der Ruhr auf.

1.2   Ziele der Renaturierung

Dynamik bringt Vielfalt - Je abwechslungsreicher die Strömungsverhältnisse und Gewässerstrukturen, desto vielfältiger sind auch die Lebensgemeinschaften.

---

1 Gunkel, 1996, 15

2 vgl. Krause, 2000, 10

Veränderungen und Verluste - Massive Veränderungen der Flüsse und Bäche durch verschiedenste Eingriffe (Einengung, Begradigung und Festlegung des Gewässerbettes) führten dazu, dass natürliche Flusslandschaften selten geworden sind. Im Zuge dieser Entwicklung sind wichtige Eigenschaften und ökologische Funktionen der Fließgewässer ganz oder teilweise verloren gegangen.

Wiederbelebung durch Bewegungsfreiheit - Fließgewässer können sich regenerieren, wenn sie die Möglichkeit dazu haben. Den Flüssen und Bächen wird dazu ihre naturgemäße Bewegungsfreiheit wieder gegeben

- Prinzip: Eigenentwicklung des Gewässers fördern, d.h. "Gewässer arbeiten lassen"
- Selbstgestaltung von Lauf, Sohle und Ufer des Gewässers
- Erhöhung der Vielfalt der Lebensräume und Entstehung neuer Lebensräume
- Ungehinderte Wanderung von Fischen und Gewässerbodenkleintieren sowie Besiedelung verschiedener Lebensräume durch diese Tiere

1.3   Maßnahmen zur Renaturierung

- Herausnahme von Ufer- und Sohlebefestigungen
- Aufweiten des Gewässerquerschnittes
- Unregelmäßige Profilgestaltung
- Laufverlängerung
- Entfernen von Abstürzen und Sohleschwellen
- Bau von Sohlerampen (Wiederherstellung der Durchgängigkeit), Fischtreppen

Allerdings sollte man bei Renaturierungsmaßnahmen immer daran denken, das viel Zeit und Geduld notwendig sind. Eine Gewässerentwicklung erfolgt nicht von heute auf morgen. Was über Generationen verloren gegangen ist, lässt sich nicht in wenigen Jahren wieder herstellen!

II. Renaturierungsprozesse der Ruhr bei Arnsber im Teilabschnitt „Binner Feld"

2,1 Die Ruhr

Die Ruhr fließt durch die Stadt Arnsberg auf einer Länge von 31km. Sie ist ein Mittelgebirgsfluss. Im Bereich Des Teilabschnittes „Binner Feld" Arnsberg- Neheim ist der Fluss der Äschenregion zuzuordnen

2.2 Renaturierungsprozesse an der Ruhr im Teilabschnitt „Binner Feld"

Die Stadt Arnsberg renaturierte im Rahmen eines umfassenden Konzeps abschnittsweise die Flüsse Ruhr, Möhne und Röhr und beseitigte in diesem Zuge Wanderhindernisse. Die ökologische Aufwertung und Strukturverbesserung der Gewässer spielte dabei eine besondere Rolle. Außerdem wurde der Hochwasserschutz verbessert. Daneben dienen die Maßnahmen in einigen Bereichen auch dem Erlebbarmachen der Ruhr für die Bevölkerung.

Die Entwicklungs- bzw Planungsziele für die Naturnahe Entwicklung der Ruhr orientieren sich an der lokalen Leitbildsituation sowie an den hier vorhandenen sozioökonomischen Randbedingungen, die Art und Umfang der Restriktion bestimmen. Die notwendigen Maßnahmen ergeben sich aus der Defizitanalyse zwischen dem ist-Zustand und den Entwicklungs- bzw Planungszielen (s. Kap. 6 Blaue Richtlinie und KapIV des Handbuchs zur naturnahen Entwicklung der Fließgewässer in NRW). [3]

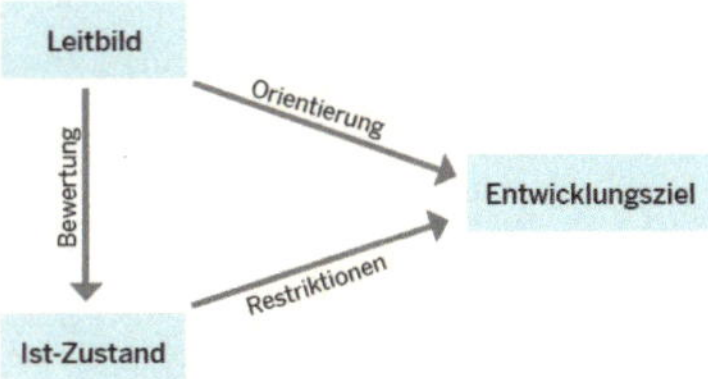

Beziehung zwiachen Leitbild, ist-Zustand und Entwicklungsziel
Quelle Bild: Blaue Richtlinie, Grundlagen der Leitbildgestützten Plaung, Kap. 4, S.39, Abb. 44

---

3 Blaue Richtlinie, Grundlagen der Leitbildgestützten Plaung, Kap. 4, S.39

2.3   Projekthintergrund

In den dargestellten Maßnahmen werden die Wasserrahmenrichtlinien der EU umgesetzt um so einen „guten ökologischen Zustand" der Ruhr zu erreichen. Die Grundlage dafür sind Konzepte zur naturnahen Entwicklung der obereren Ruhr. In diesen Konzepten zur Renaturierung sind verschiedene Maßnahmen vorgeschlagen, um dieses Ziel zu erreichen.

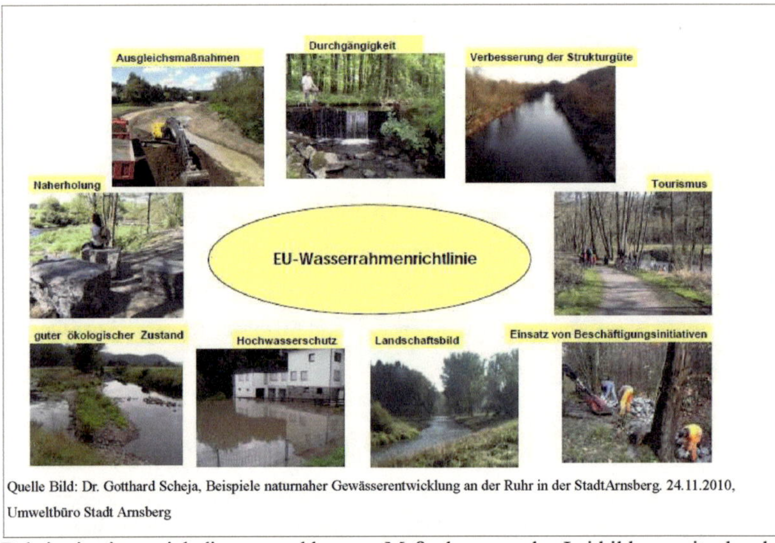

Quelle Bild: Dr. Gotthard Scheja, Beispiele naturnaher Gewässerentwicklung an der Ruhr in der StadtArnsberg. 24.11.2010, Umweltbüro Stadt Arnsberg

Dabei orientieren sich die vorgeschlagenen Maßnahmen an den Leitbildern weitgehend natürlicher Flusslandschaften des Mittelgebirges.[4]

2.4   Ausgangssituation der Ruhr im „Binner Feld":

In diesem Bereich durchfließt die Ruhr eine schmale, durch Autobahn und Bahnstrecke beengt verlaufende Aue (100 – 200 m) und der Fluß ist durch Steinschüttungen in sein Bett gezwängt.

---

4 Angelehnt an http://www.arnsberg.de/umwelt/wasser/ruhr_renaturierung.php ,
03.04.2013

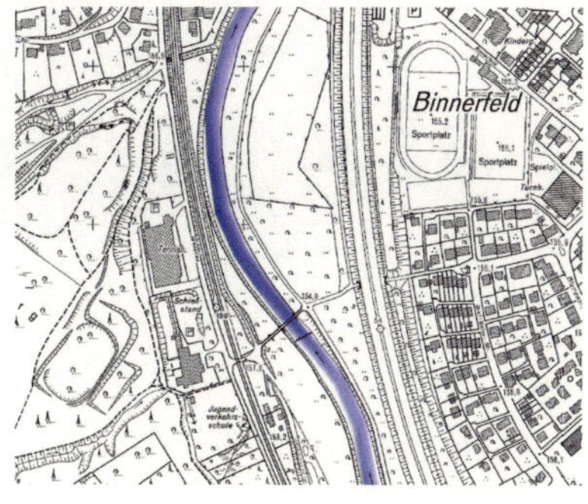

Quelle Bilder: Dr. Gotthard Scheja, Beispiele naturnaher Gewässerentwicklung an der Ruhr in der StadtArnsberg. 24.11.2010, Umweltbüro Stadt Arnsberg

2.5 Ziele der Stadt Arnsberg: Gründe für bauliche Maßnahmen zur Renaturierung der Ruhr im „Binner Feld"

Die Durchgängigkeit der Ruhr für Fische und andere Lebewesen soll verbessert werden. Eine ökologische Verbesserung des Zustandes der Flusslandschaften soll erzielt sowie die Strukturvielfalt erhöht werden. Die Freizeitnutzung des Flusses durch Kanuten bzw. durch Radfahrer auf dem begleitenden Radweg soll erhalten bleiben.

2.6   Die ausgeführten Baumaßnahmen

Der Fluss wurde auf einer Länge von ca. 3500m wieder stärker in Kontakt mit der umgebenden Talaue gebracht.

Folgende Maßnahmen dazu waren:

- Entfernung der Ufersicherungen: dadurch wird eine weiträumige Aufweitung des Fließquerschnittes erzielt und die Möglichkeit einer eigendynamischen Entwicklung des Gewässsers erst ermöglicht

Quelle Bilder: Dr. Gotthard Scheja, Beispiele naturnaher Gewässerentwicklung an der Ruhr in der StadtArnsberg. 24.11.2010, Umweltbüro Stadt Arnsberg

- eine flächige Absenkung der Ufer sowie ein Anheben der Sohle: dadurch erreicht man eine engere Verzahnung zwischen dem Lebensraum im Wasser und dem der Uferbereiche und des dahinter liegenden Vorlandes

Quelle Bilder: Dr. Gotthard Scheja, Beispiele naturnaher Gewässerentwicklung an der Ruhr in der StadtArnsberg. 24.11.2010, Umweltbüro Stadt Arnsberg

- Fischtreppen wurden geschaffen: dadurch wurde die Durchgängigkeit des
  Flusses erhöht.

Quelle Bild: Dr. Gotthard Scheja, Beispiele naturnaher Gewässerentwicklung an der Ruhr in der StadtArnsberg. 24.11.2010,
Umweltbüro Stadt Arnsberg

- Inseln im Gewässerbett wurden geschaffen, die den Fluss zum Ausweichen
  zwingen und gemeinsam mit Ufern von unterschiedlicher Geländeneigung eine
  abwechslungsreich strukturierte Fließgewässerlandschaft entstehen lassen

Quelle Bilder: Dr. Gotthard Scheja, Beispiele naturnaher Gewässerentwicklung an der Ruhr in der StadtArnsberg. 24.11.2010,
Umweltbüro Stadt Arnsberg

Der Bereich der Mündung der Möhne wurde ökologisch hochwertiger und
stömungsgünstiger gestaltet. Die Kanustrecke blieb erhalten und wurde ökologisch
verträglich optimiert.
Im Rahmen der Maßnahme fielen 100000m³ Bodenaushub an. Der vorgefundene
Ruhrkies verblieb im Bett als Kiesdepot. Angefallener bindiger Aushub wurde zum Teil
auf der Mülldeponie rekultiviert bzw. als Lärmschutzwand an der A46 aufgeschüttet.

Quelle Bild: Dr. Gotthard Scheja, Beispiele naturnaher Gewässerentwicklung an der Ruhr in der StadtArnsberg. 24.11.2010, Umweltbüro Stadt Arnsberg

2.7   Dauer der Baumaßnahmen „Binner Feld"

Beginn der Maßnahmen: 2007, Beendigung der Maßnahmen: Ende 2012

2.8   Beteiligte der Baumaßnahmen

Beteiligte waren die Bezirksregierung Arnsberg, das staatliche Umweltamt Lippstadt, der Hochsauerlandkreis, der Angelverein "Sauerland" und das Umweltbüro der Stadt Arnsberg

2.9   Kosten der Maßnahmen

Die Kosten beliefen sich auf ca. 1100000€.[5] Eine finanzielle Förderung wurde zu 80% aus Mitteln der Abwasserabgabe der Landes NRW bereitgestellt.

2.10   Entwicklungen nach der Umgestaltung

Der Erfolg der Maßnahmen wird über ein Bio-Monitoring über einen Zeitraum von fünf Jahren dokumentiert . Dabei werden die Wasserpflanzen, die Kleinstorganismen und der Fischbestande dokumentiert. Auch Veränderungen der Ruhrsohle durch Kiesanlagerungen werden festgehalten.

---

5   Gotthard Scheja in LÖBF-Mitteilungen 1/05

Neben diesen ökölogischen Verbesserungen und den Hochwasserschutzmaßnahmen erlebt die Bevölkerung Arnsbergs den Flusses durch geschaffene Naherholungsmöglichkeiten (z.B. Ruhr-Tal-Radweg) neu.

Ein weiterer wichtiger Punkt ist die Schaffung von Synergieeffekten. So wurde bei der Bevölkerung die Maßnahme der Nutzung des Aushubs für die Aufhöhung eines Lärmschutzwalles der A46 als positiv nachhaltig empfunden.

Nach Scheja [6] wurde die Veränderung des Landschafts- und Ortbildes positiv von der Bevölkerung aufgenommen. Mit dem positiven Bewusstsein für die Ruhr identifiziert sich nun ein Großteil der Bürger mit dem Gewässer.

III.   Resumeé:

Ich schließe mich den Worten des Arnsberger Bürgermeisters Hans-Josef Vogel an „Es gibt keine Maßnahme in der Stadt, die derartig viele Vorteile für die Stadt und die Bürgerinnen und Bürger bringt, wie Renaturierungen."[7]

1.   Verbesserung an der ökologischen Situation der Ruhr

2.   Hochwasserschutz, durch Schaffung von breiterem Flussbett und Umflutmulden

3.   Sädtebaulicher Gewinn, Aufwertung des Stadtbildes

4.   Die Ruhr wird wieder erlebbar, Vorteile für Naherholung und Tourismus

5.   Synergieeffekte in anderen Bereichen

Schon jetzt lässt sich feststellen, dass die Maßnahmen zur Renaturierung der Ruhr ein großer Erfolg sind. Sie sind schon mehrfach ausgezeichnet und als Vorbild für ähnliche Flussrenaturierungen herausgestellt worden. Das Konzept ist effektiv und wurde nachhaltig umgesetzt.

Sicher war die Situation in- und um Arnsberg sehr günstig für dieses Projekt, da im Stadtgebiet und in den Randbezirken zahlreiche Ufergrundstücke gekauft und so in die Maßnahmen mit einbezogen werden konnten.

Eine hohe Akzeptanz für das Projekt in der Bevölkerung wurde durch Bürgerbeteiligung und Schaffung und Erhaltung von Freizeitmöglichkeiten in Zusammenhang mit der

---

6   Gotthard Scheja, http://www.arnsberg.de/umwelt/wasser/index.php
7   Gotthard Scheja, Arnsberg entdeckt seine Ruhr wieder, S.9

Umgestaltung mit der Ruhr erzielt.

Inzwischen hat man auch an der Wupper mit Renaturierungsmaßnahmen begonnen.

Man kann die Situation aber nicht 1:1 auf die Wupper und Wuppertal übertragen.

Sicherlich ist die Wupper im Stadtgebiet aufgrund der hohen Siedlingsdichte und teilweiser Kanalisierung platzmäßig viel enger eingefasst als die Ruhr in Arnsberg.

Trotzdem hat man auch in Wuppertal mit kleinen Teilschritten begonnen die Wupper wieder im Stadtgebiet zu renaturieren und neue Räume für Fische, Kleinlebewesen und Pflanzen zu schaffen. Hoffentlich wird sich auch hier bald ein Erfolg der getroffenen Maßnahmen einstellen sowie deren Fortführung weitergehen.

IV.   Literaturverzeichnis:

- Dr. Gotthard Scheja, Beispiele naturnaher Gewässerentwicklung an der Ruhr in der StadtArnsberg. 24.11.2010, Umweltbüro Stadt Arnsberg,

http://www.lanuv.nrw.de/veroeffentlichungen/sonderreihen/blau/blaustart.htm, 07.04.2013

- Dr. Gotthard Scheja, Arnsberg entdeckt seine Ruhr wieder, in Heimatpflege in Westfalen, 24. Jahrg. 1 /2011

- Dr. Gotthard Scheja, Erste Abschnitte der Ruhr in Arnsberg renaturiert, Seite 37-40, in 37. LÖBF-Mitteilungen 1/05.

- Umweltamt der Stadt Arnsberg, Wasserbehörde, Stadtentwicklung, Umwelt und Natur, Wasser, Renaturierung

http://www.arnsberg.de/umwelt/wasser/index.php, 07.04.2013

- Dr. Jürgen Zander, Lehrstuhl für Landnutzungsplanung und Naturschutz Freising, Ingenieurbiologische Bauwesen, Freising, April 2004

- Ministerium für Umwelt und Naturschutz, Landwirtschaft und Verbraucherschutz des Landes NRW, Blaue Richtlinie, Richtlinie für die Entwicklung naturnaher Fließgerwässer, Düsseldorf 2010, www.munlv.nrw.de 05.04.2013

- Landesamt für Natur, Umwelt und Verbraucherschutz NRW, Gewässerstruktur in NRW, Kartieranleitung für die kleinen bis großen Fließgewässer, LANUV-Arbeitsblatt 18, Recklinghausen 2012

- Gesetz zur Ordnung des Wasserhaushalts vom 31.07.2009, Bundesministerium der Justiz in Zusammenarbeit mit der juris GmbH, www.juris.de